QUELQUES OBSERVATIONS

SUR LE

RENDEMENT LUMINEUX

DES BECS DE GAZ USUELS

Par Ad. BOUVIER

Ingénieur, lic. ès sciences.

Extrait du compte rendu du quinzième Congrès de la Société technique de l'Industrie du gaz en France

TENU A BOULOGNE-SUR-MER LES 8 ET 9 JUIN 1888

La Société n'est pas responsable des opinions de ses membres, même dans ses publications (art. 35 des statuts).

PARIS

IMPRIMERIE DE LA SOCIÉTÉ ANONYME DE PUBLICATIONS PÉRIODIQUES

13, QUAI VOLTAIRE, 13

1888

DU MÊME AUTEUR

Rapport sur l'Exposition d'Électricité, Paris, 1881.
(*Journal de Genève*, septembre, octobre, novembre, 1881.)

Quelques observations sur le rendement lumineux des becs de gaz usuels,

Par Ad. BOUVIER.

Gaz

Les expériences qui suivent ont été faites *chacune entre deux essais photométriques ordinaires*, au photomètre Dumas et Regnault, afin de vérifier à la fois l'état de la carcel étalon et le pouvoir éclairant du gaz consommé. On a admis comme titre du gaz la moyenne des deux essais. On n'a retenu que les essais faits avec un gaz de titre compris entre 90 et 105 litres.

Chaque bec a été réglé *au débit pratique d'une bonne flamme, chacun suivant son type*, et sa valeur en carcels a été déduite de la distance à laquelle il fallait le mettre de l'écran. Le débit horaire indiqué est celui que donnerait, aux conditions de l'essai, du gaz à 105 litres *ou calculé comme tel*. Ce calcul a pour base l'hypothèse que, en pratique et dans les limites indiquées, la quantité de lumière émise par chaque bec est, à débit égal, inversement proportionnelle au titre du gaz. Ainsi le débit observé pour un bec donné, avec du gaz à 104, a été augmenté dans la proportion de $\frac{105}{104}$. Quoique approximatif, ce calcul est généralement admis pour les essais photométriques.

Le débit de 105 litres étant le chiffre généralement admis en France pour le bec étalon, suivant les conditions énoncées au cahier des charges de la Compagnie Parisienne du gaz, nous donnons, pour chaque bec, sa *valeur en carcels par 105 litres de gaz brûlés;* le coefficient ainsi obtenu, que nous désignons ici par P, est ce qu'on pourrait appeler *le rendement lumineux du bec par rapport au bec étalon.*

Les essais ont été faits en hiver, dans une chambre noire cubant environ 60^{m3}, ne contenant que deux observateurs au plus, et munie d'une hotte de ventilation au-dessus du photomètre.

La pression du gaz au brûleur, inférieure à 15^{mm} d'eau, était en général très faible.

Nº de l'essai	DESCRIPTION DU BRULEUR	Débit horaire observé en litres D	VALEUR EN CARCELS absolue C	par 105 l. de gaz ramené au titre de 105 P $P = C \times \frac{105}{D}$
	1° *Becs à flamme libre (papillons).*			
1	Bec papillon stéatite tête creuse, Nº 6 de la série large, de la ville de Paris, soit fente $0^{mm}6$ de larg.	180	1,21	0,706
2	Dº Nº 7, pour l'éclairage public avec régulateur sec à 125 litres vérifié....................	125	1,02	0,857
3	Dº Nº 8, avec régulateur à 200 litres vérifié................	200	1,74	0,912
4	Bec conjugué de M. Coze, de Reims, 3 becs Nº 4, à 23^{mm} de distance du bec central à chacun des deux becs voisins....	405	3,60	0,933

N° de l'essai	DESCRIPTION DU BRULEUR	Débit horaire observé en litres D	VALEUR EN CARCELS absolue C	Par 105 l. de gaz ramené au titre de 105 P $P = C \times \frac{105}{D}$
	2° Becs à cheminée.			
	d. signifie diamètre........ } de la cheminée *h.* signifie hauteur........ } de la cheminée			
5	Bec Bengel type, fourni par Deleuil (description suivant Dumas et Regnault)............	105	1	1
6	Bec (dit N° 2) porcelaine, 2 rangées concentriques de trous, diamètre des trous 0mm6, cône; cheminée en verre *d.* intérieur 51mm *h.*, 260 millimètres.	285,7	2,77	1,02
7	Bec (dit N° 3) porcelaine, 2 rangées concentriques de 40 trous de 0mm6, cône; cheminée *d.* 42 millimètres, *h.* 200 millimètres	218	2,14	1,03
8	Bec (dit N° 7) couronne cuivre, panier cuivre (au lieu du panier porcelaine), 30 trous 0mm7; un seul essai (toujours entre deux essais photométriques), cheminée comme au N° 7....	226,6	2,25	1,043
9	Bec (dit N° 6) porcelaine, panier en cuivre, mais couronne en porcelaine, 40 trous de 0mm8, (un essai), cheminée comme au N° 7..................	182,5	1,82	1,049
10	Bec (dit N° 4) porcelaine, 40 trous de 0mm8, cheminée comme au N° 7..................	198	2,03	1,07
11	Bec (dit N° 4) porcelaine, 20 trous de 0mm8..................	189	1,98	1,1

N° de l'essai	DESCRIPTION DU BRULEUR	Débit horaire observé en litres D	VALEUR EN CARCELS absolue C	Par 105 l. de gaz ramené au titre de 105 P $P = C \times \frac{105}{D}$
	2° *Becs à cheminée* (Suite).			
12	Bec « américain » pareil au bec N° 14 de l'essai N° 15, panier porcelaine avec rainure horizontale laissant passage à un petit levier qui commande la pièce de réglage dans l'axe, couronne stéatite arrondie mesurant $15^{mm} \times 26^{mm}$ (diamètres intérieur et extérieur), 30 trous de 1 millimètre; cône, 24 millimètres; galerie 51 millimètres de diamètre........	202,3	2,19	1,136
13	Bec tout métallique, genre Chaussenot, panier nickelé *plein*, 2 cheminées concentriques, la plus basse extérieure pour laisser entrer au bas de la flamme de l'air chauffé contre la cheminée intérieure; couronne métal percée de 40 trous de $1^{mm}3$ disposés près du bord extérieur; *d.* intérieur de la couronne 18 millimètres, *d.* extérieur 29 millimètres ; cône 36 millimètres............. cheminée intérieure *d.* = 41^{mm}. — extérieure *d.* = 70^{mm}.	255,83	2,77	1,136
14	Bec « London-Argand » de S. de Londres, pris sur sa « lampe d'architecte » modèle D. B. C. et Ce, couronne stéatite, 24 trous de $0^{mm}8$; cône, tige au			

N° de l'essai	DESCRIPTION DU BRULEUR	Débit horaire observé en litres D	VALEUR EN CARCELS absolue C	VALEUR EN CARCELS par 105 l. de gaz ramené au titre de 105 P $P = C \times \frac{105}{D}$
	2° *Becs à cheminée* (Suite).			
	centre de 12 millimètres, dans l'axe de figure ; cheminée en verre mince, épaisseur 1 millimètre, diamètre 45 millimètres, hauteur 170 millimètres.	184	2,04	1,16
15	Bec (dit N° 14) « américain » couronne stéatite sertie dans une couronne de cuivre de 16mm × 27mm, 34 trous de 11/10 de millimètre, galerie 41mm..	226	2,56	1,19
16	Bec (dit N° 10) comme le suivant, couronne bombée..........	208,76	2,463	1,24
17	Bec (dit N° 11), L. et O. « breveté » nickelé, cône 34 millimètres, tige centrale 10 millimètres, couronne plate en stéatite 19mm × 28mm, 40 trous de 1 millimètre, galerie 41 millimètres, cheminée ordinaire.	202 75	2,48	1,28
18	Bec (dit N° 16) couronne porcelaine 15mm × 25mm, 40 trous 0mm9, cône 34 millimètres, galerie 50 millimètres........	171,9	2,10	1,283
19	Bec (dit N° 9) deux couronnes concentriques stéatite ; couronne intérieure, diamètres 12 et 20 millimètres ; 22 trous de 11/10 de millimètre ; couronne extérieure, diamètres 28 et 38 millimètres; 50 trous de 1 millimètre, cône 46 millimètres; galerie 60 millimè-			

N° de l'essai	DESCRIPTION DU BRULEUR	Débit horaire observé en litres D	VALEUR EN CARCELS absolue C	VALEUR EN CARCELS par 115 l. de gaz ramené au titre de 105 P $P = C \times \frac{105}{D}$
	2° *Becs à cheminée* (Suite).			
	tres, panier allongé mesurant 65 millimètres de hauteur pour la partie perforée......	296	3,82	1,355
20	Bec (dit N° 15) 1 couronne stéatite plate, 40 trous de 1 millimètre, diamètres de la couronne 14 et 26 millimètres, cône 34 millimètres, galerie 50 millimètres.............	186,34	2,417	1,362
21	Bec (dit N° 17) de S. et K., à W., Allemagne, tige centrale de 10 millimètres, couronne stéatite 21mm × 28mm à 34 trous de 12/10 de millimètre, cône 33 millimètres, galerie 49 millimètres; cheminée intérieure *d.* = 45mm — extérieure *d.* = 40mm *pas de panier*, la couronne est supportée au-dessus de l'ajutage d'arrivée par 3 petites tiges en cuivre fondu; réglage au centre par un levier à axe horizontal, large accès d'air sous la couronne..........	261	3,42	1,377
22	Bec dit Cardinal de M., fabriqué par R., à R., (Allemagne), deux essais, l'un en ôtant la coupe, l'autre avec la coupe en place. (*a*) Sans coupe. Essai de 10′, gaz à 94l, distance = 1m75, d^2 = 3,0625 carcels, pression			

N° de l'essai	DESCRIPTION DU BRULEUR	Débit horaire observé en litres D	VALEUR EN CARCELS absolue C	par 105 l. de gaz ramené au titre de 105 P $P = C \times \frac{105}{D}$
	2° *Becs à cheminée* (Suite).			
	11 millimètres, débit 38^{l}5 en 10'....................	233	2,74	1,234
	(*b*) Avec la coupe. Essai de 10', gaz à 94^{l}1, distance 1^{m}89, $d^2 = 3{,}572$ carcels, pression 11 millimètres, débit 39^{l} en 10'.	234	3,20	1,435
23	Bec à disque de W., Lille, avec cheminée renflée, 42 trous de 1 millimètre, disque central, un essai....................	286,4	4	1,466

Indiquons par comparaison quelques chiffres qui ont été donnés pour les becs Wenham et Cromartie, dans les journaux spéciaux généralement admis comme faisant autorité :

3° *Becs intensifs.*

	CONSOMMATION	SANS RÉFLECTEUR	AVEC RÉFLECTEUR
Wenham 0	113^{l} = (1,08 × 105^{l})	C = 2,19 P = 2	C = 3,40 P = 3,10
d° 2	283^{l} = (2,70 × 105^{l})	C = 11,09 P = 4,10	C = 16,40 P = 6,10
d° 4	620^{l} = (5,90 × 105^{l})	C = 21,09 P = 3,26	C = 28,20 P = 4,36
Cromartie	170^{l} = (1,61 × 105^{l})	C = 4 P = 2,50	

Nous n'avons pas vérifié ces chiffres.

Nous ne faisons que citer des expériences connues, afin de faire ressortir la valeur du coefficient P, indiquant le rendement lumineux du bec en carcels par 105 litres de gaz brûlés. Il se dégage de ces expériences que :

Le bec Cromartie de 170 litres, par exemple, aurait un rendement supérieur à 2 fois celui du bec Bengel type, avec une *consommation relativement faible*, ce qui est un avantage. Le bec Wenham de 283 litres, sans réflecteur, aurait un rendement égal à 4.

En résumé, les BECS A FLAMME LIBRE les plus employés pour l'éclairage public (125 à 200 litres) peuvent, s'ils sont judicieusement choisis et employés, donner un RENDEMENT LUMINEUX ÉGAL A 90 °/₀ ENVIRON DE CELUI DU BEC BENGEL ÉTALON.

Les BECS A CHEMINÉE, ordinaires et demi-intensifs, c'est-à-dire consommant de 180 à 250 litres de gaz à l'heure, jusqu'à 290 litres, atteignent un RENDEMENT DE 110 A 135, *et même* 145, le rendement du bec étalon étant égal à 100.

Les BECS INTENSIFS atteignent un RENDEMENT ÉGAL A 250 *et même supérieur*, avec la même unité de comparaison.

Il conviendrait de compléter ces essais en étudiant les :

Becs à gaz carburé (*albo carbon*), ainsi que les :

Becs à gaz à mélange d'air.

	D	C	P
Le bec Clamond, dernier type, donnerait, *dit-on*, pour..	180^{l}	4^{ca}	soit $2^{ca}33$ par 105^{l}.
Le bec Auer, d'après le professeur Heim, de Hanovre, donnerait, pour.........	95^{l}	$1^{ca}735$	soit $1^{ca}91$ par 105^{l}.

Nous n'avons pas vérifié ces chiffres.

Il serait également intéressant de constater l'influence sur les becs à cheminée des *appareils dits fumivores*.

Pétrole.

Nous avons fait deux sortes d'essais, avec la *lampe dite « belge »*, marque L. et B., à disque central, mèche ronde cousue sur une génératrice verticale, vis du monte-mèche horizontale, canal d'air dans l'axe de figure, donnée pour valoir « 30 bougies » pour 90 gr. de pétrole raffiné à l'heure.

1° Avec du *pétrole extra* dit « *solaire* », à 0 fr. 80 le litre au détail, la lampe a brûlé régulièrement 70 GR. A L'HEURE, soit ***0 f.056*** et donné 1,69 CARCEL.

2° Avec du *pétrole* à 0 f. 55, *raffiné*, la lampe carcel brûlant 10 gr. d'huile de colza épurée en 14' 45", la lampe L. et B a donné en deux essais différents :

En 1 heure, au débit horaire moyen de	87g 7, la lumière de	3,01	carcels
En 2 heures, » » »	89,5 »	2,97	»
Moyenne	88,6 = 0f 0487 »	2,99	»

Soit environ 1 *carcel par* 30 *grammes*.

Le prix peut varier avec les localités ; il faut encore tenir compte du déchet, etc.

Conclusions.

Nous dégageons de nos essais de becs les conclusions suivantes, une fois de plus confirmées :

I

Les becs à flamme libre doivent autant que possible brûler à basse pression, comme l'ont établi les travaux antérieurs.

L'emploi des régulateurs améliore le rendement des becs, en permettant à la fois d'adopter des fentes larges sans excès de consommation et de maintenir aux becs un petit excès de pression suffisant pour que la flamme ne soit pas trop « molle ». Le régulateur s'impose pour le service de l'éclairage public ; c'est un appareil également avantageux pour le fournisseur et pour le consommateur.

Le bec véritable tête creuse (à ne pas confondre avec celui qui n'en a que le profil extérieur) *constitue avec le régulateur un excellent appareil d'éclairage*. Plus simple que le bec Bengel type, il *peut* atteindre facilement le rendement de 1 *carcel par* 115 *litres*, et non par 140 litres, comme on le répète encore souvent. En pratique, il donne autant de lumière que les becs à cheminée *ordinaires*, analogues au Bengel type, parce que le verre de la cheminée perd de sa transparence à l'usage, à supposer même qu'il soit parfaitement entretenu.

II

La forme des *globes* employés dans beaucoup de magasins, et dans les appartements, autour des becs à fente, est d'une grande importance au point de vue de l'éclairage. Nous déconseillons formellement l'emploi des globes dits « Manchester »; le diamètre inférieur d'entrée d'air doit être de au moins 80 millimètres, comme dans le globe dit « Brönner » par exemple, sous peine de créer un courant d'air ascendant trop vif, qui agite la flamme et nuit énormément à l'éclairage.

Certains globes « tulipe », peu ouverts du bas, trop ouverts du haut, sont également mauvais.

Enfin, la nature du verre (verre dit « opale », qualité inférieure à transparence rouge, verre dépoli, verre gravé) influe sur le rendement lumineux de l'appareil.

On s'est beaucoup occupé de ces diverses applications chez nos voisins d'outre-Manche.

III

Avec du gaz à 105 litres, il dépend des gaziers, en partie tout au moins, d'obtenir en moyenne les rendements suivants, pour l'éclairage pratique des abonnés :

A 1	carcel	avec	115	litres de gaz	becs à flamme libre.	
B 2	»	»	175	»	»	» à cheminée
C 2,5	»	»	210	»	»	
D 3,5	»	»	170	»	becs intensifs pour locaux fermés.	

C'est à dessein que nous ne ramenons pas tous ces chiffres à la carcel : il convient de laisser *à chaque bec*, suivant sa catégorie propre, *son rendement organique*.

En supposant, par approximation et pour fixer les idées, que, dans *une clientèle d'usine à gaz :*

les becs	A	entrent pour	50 0/0
»	B	»	30 0/0
»	C	»	10 0/0
»	D	»	10 0/0

(ce genre de calcul étant le seul qui donne une moyenne véritablement pratique), *les usines à gaz pourraient* EN MOYENNE, au titre de 105 litres, *donner* **1** CARCEL *avec* 87, disons **90 LITRES** *de gaz* ou **1,70** CARCEL, l'équivalent photométrique d'une lampe à incandescence de 16 bougies, *avec* **150** *litres de gaz*.

Le *rendement lumineux moyen* des becs serait de 1,166 *carcel par* 105 *litres* de gaz brûlés, ou 11,1 *carcels par mètre cube*.

Se rapproche-t-on suffisamment de cette moyenne dans la pratique? N'y a-t-il pas quelques efforts à faire pour améliorer l'éclairage, à volume de gaz égal (c'est-à-dire sans augmenter le dégagement de chaleur), et malgré certains préjugés du public contre les conseils des directeurs d'usine?

Il est de l'intérêt bien entendu des usines de faire donner au gaz consommé par les abonnés son meilleur rendement lumineux; une augmentation de consommation en est la conséquence indirecte, mais certaine.

IV

Contre la concurrence du pétrole et de l'électricité, les gaziers ont encore la ressource, souvent employée, d'améliorer le pouvoir éclairant du gaz. Pour peu que le titre soit de 100 *litres*, par exemple, le rendement lumineux moyen monte de 1,166 à 1,224 *carcel par* 105 *litres*, ou 1,165 par 100 litres; soit 11 $^{2}/_{3}$ carcels par mètre cube.

V

Avec les becs intensifs, on obtient bien davantage. D'après les expériences de M. Coindet (rapport sur les lampes à récupérateur système Wenham, etc., par M. Coindet; Bulletin de la Société Industrielle de Rouen 1887), une lampe Wenham n° 3 sans réflecteur donne, en moyenne des intensités horizontale, oblique et verticale, une quantité de lumière égale à

11,04 carcels pour 428¹7 ; d'après les mêmes essais la dépense moyenne ressort à 40¹60 *par carcel-heure*, c'est-à-dire que le *rendement lumineux* est de 2,58 par rapport au bec Bengel étalon. Ici un mètre cube de gaz à 105 litres donne 24,6 carcels[1].

VI

Il est à remarquer que, d'après ce que nous avons dit plus haut, la *lampe à incandescence de 16 bougies* étant estimée valoir 1,70 carcel — le pouvoir éclairant baisse après un certain nombre d'heures d'éclairage — on obtiendra *la même*

1. On a constaté dans maintes petites installations qu'il faut à peu près autant de gaz pour alimenter un moteur actionnant un éclairage de lampes à incandescence que pour donner directement une lumière égale.

Un calcul d'évaluation justifie approximativement cette observation. Soit des becs de gaz de 150 litres, donnant 1,70 carcel.

1 m. c. gaz = 6,6 × 150 litres = 6,6 × 1,70 carcel = 11,22 carcels.

Soit des lampes à incandescence de 16 bougies du type Edison A 1882 Paris, exigeant chacune la puissance de 75 watts à l'heure (71,30 watts par lampe, Annuaire Hospitalier 1884, plus la perte dans les conducteurs, etc).

1 m. c. gaz = 1 cheval-heure = 736 watts-h. théoriquement.

Soit le rendement total égal à 80 % = environ $(0,90)^2$

736 × 0,80 = 589

1 m. c. gaz = un cheval-heure = 589 watts utiles = 7,8 × 75 watts = 7,8 lampes à 1,70 carcel = 13,25 carcels.

L'équivalence n'est pas absolue.

Avec des lampes de 16 bougies, absorbant chacune 65 watts *tout compris*, et dans les mêmes conditions de rendement, on aurait :

1 m. c. gaz = 589 watts utiles = 9,07 × 65 watts = 15,42 carcels.

Il est vrai de dire que le rendement du moteur à gaz dépasse souvent et dépassera 1 cheval par mètre cube ; il n'est pas moins vrai d'a-

quantité de lumière avec 150 *litres de gaz et non* 200, comme on le dit encore souvent.

En résumé, le choix judicieux des brûleurs usuels, en dehors des gros becs intensifs, permettra, dans les conditions ordinaires, d'obtenir 1 carcel avec 90 litres de gaz et d'égaler la lampe à incandescence de 16 bougies avec 150 litres de gaz.

jouter que l'on produit aujourd'hui des lampes à incandescence dites de durée dont le rendement est supérieur à celui de 4 watts par bougie.

Nous ne prétendons pas d'ailleurs établir la formule mathématique d'une comparaison très complexe, et dont les éléments varient avec chaque installation.

PARIS. — IMP. DE LA SOCIÉTÉ ANONYME DE PUBLICATIONS PÉRIODIQUES
P. MOUILLOT. — 13, QUAI VOLTAIRE. — 87848

www.ingramcontent.com/pod-product-compliance
Ingram Content Group UK Ltd.
Pitfield, Milton Keynes, MK11 3LW, UK
UKHW020553230726
13925UKWH00006B/2565

9 782013 402019